Sabine Scheyhing

Unterrichtsstunde: Fressen und gefressen werden - Wir untersuchen Gewölle!

Exemplarische Nahrungsbeziehung im Wald

GRIN Verlag

Bibliografische Information der Deutschen Nationalbibliothek:

Die Deutsche Bibliothek verzeichnet diese Publikation in der Deutschen National-
bibliografie; detaillierte bibliografische Daten sind im Internet über http://dnb.d-
nb.de/ abrufbar.

Impressum:

Copyright © 2009 GRIN Verlag, Open Publishing GmbH
Druck und Bindung: Books on Demand GmbH, Norderstedt Germany
ISBN: 978-3-640-74991-1

Dieses Buch bei GRIN:

http://www.grin.com/de/e-book/160198/unterrichtsstunde-fressen-und-gefressen-
werden-wir-untersuchen-gewoelle

Unterrichtsentwurf
im Rahmen des zweiten Ausbildungsabschnitts für das Lehramt an Realschulen

Thema: Fressen und gefressen werden-
- wir untersuchen Gewölle

Fach:	NWA
Unterrichtseinheit:	Der Wald - ein Ökosystem
Klasse:	6c

Inhaltsverzeichnis

1. Bedingungsanalyse: Situation der Klasse/ Rahmenbedingungen
1.1.   Die Situation der Klasse

Die Klasse 6c besteht aus 32 Schülerinnen und Schülern. Die Klasse hat drei Stunden NWA in der Woche, aufgegliedert in eine Einzelstunde und eine Doppelstunde. Die NWA- Lehraufträge in Klasse 6 an unserer Schule sind mit zwei Lehrkräften für die Doppelstunde besetzt, um die Klassen zum Experimentieren halbieren zu können. Die 6C wird hauptverantwortlich von mir und zusätzlich im Team-Teaching von Klassenlehrerin in den Doppelstunden unterrichtet. Somit ist die Klasse auch beim heutigen Unterricht nach einer kurzen Einstiegsphase in zwei Gruppen geteilt.

Die Klasse ist eine sehr leistungsbereite und leistungsstarke Klasse im Fach NWA. Durch ihre lebendigen Beiträge und ihrer großen Beteiligung am Unterricht herrscht meist eine gute Lernatmosphäre.

Die Klasse arbeitet sehr gerne praktisch, zum Beispiel experimentieren und untersuchen sie gerbe. Eine große Stärke der Klasse ist das Präsentieren von Ergebnissen und Themen, die sie zuvor selbstständig bearbeiten. Einige Schülerinnen und Schüler müssen aber in diesen freien Phasen, als auch während des gesamten Unterrichts, besonders im Auge behalten werden. Vor allem L, A, V, S und C, aber auch E und R stören häufig den Unterricht und müssen häufig zum Arbeiten angehalten werden. Im Gegensatz dazu stehen J, P und B, da sie den Unterricht stets mit eigenen interessanten Beiträgen bereichern. Manchmal muss man diese drei auch bremsen, damit sie den anderen Kindern nicht zuviel vorwegnehmen und die Motivation der anderen erhalten bleibt. Da die Klasse sehr lebendig ist, sind gerade Phasen zum selbst ausprobieren, experimentieren und untersuchen von Vorteil. Die Kinder sind im NWA Unterricht sehr engagiert und interessiert.

1.2 Rahmenbedingungen

Der heutige Unterricht findet, so wie in jeder Doppelstunde, im Biologiesaal der Schule statt. Dieser Raum wurde vor kurzem neu mit Gruppen-Versuchstischen eingereichtet. Im Nebenraum bietet sich die Möglichkeit, mit der anderen Hälfte der Klasse an Experimentiertische auszuweichen, damit die Schülerinnen und Schüler genügend Platz zum Experimentieren haben. Jeder der beiden Räume ist mit einer Tafel, einem Tageslichtprojektor und Gas- sowie Stromanschlüssen ausgestattet. Da die Klasse heute zum ersten Mal in den neuen Räumen Unterricht hat, wird dies wahrscheinlich zu Beginn der Stunde zu einem ungewohnten Staunen führen, da der Raum in dieser Form für sie ungewohnt ist.

Im Nebenraum, dem Materialraum werden die Gewölle bereits schon in Sezierschalen zum Untersuchen aus logistischen und zeitlichen Gründen bereit liegen. Um das Pult herum gibt es genügend Platz, um die Schülerinnen und Schüler zu einer kurzen Besprechung zu versammeln. Dies hat den Vorteil, vor der Gewölleuntersuchung die Kinder dicht bei mir zu haben, um eine Vorentlastung des „Ekelfaktors Gewölle" vorzunehmen und den Kindern durch die Nähe zum Objekt zu zeigen, dass sie keine Angst und keinen Ekel haben müssen. In diesem kleinen Kreis können ebenfalls Regeln im Umgang mit den Gewöllen besprochen werden.

Um den Schülerinnen und Schülern anzuzeigen, wann die Arbeitsphase beginnt und aufhört, wird von mir eine Klingel eingesetzt. Dies ist vor allem bei einer etwas lauteren Arbeitsatmosphäre sehr von Vorteil. Dieses Ritual, bei dem die Schülerinnen und Schüler ihre Materialien aufräumen und ihre Stifte weglegen ist ihnen bereits bekannt. Es ist das Zeichen für das Ende der Experimentierphase und gleichzeitig das Signal, ihre Arbeitsplätze aufzuräumen und sich bereit für die Besprechung zu halten.

2. Sachanalyse

Viele Tiere können einige Stoffe aus der Nahrung nicht verwerten oder verdauen. Aus diesem Grund scheiden sie diese in Form von Kot, Losungen, Harn oder auch Gewöllen aus. Bei Vögeln werden die unverdaulichen Stoffe, wie Federn, Fell, Chitin von Insektenpanzern, Schalen von Muscheln, verschiedene Pflanzenteile und Knochen ihrer tierischen Nahrung, nach dem Herunterschlingen der ganzen Beute, in zusammengepressten Ballen ausgewürgt.

Die unverdaulichen Reste der Nahrung werden bei Vögeln im Muskelmagen nach und nach gesammelt, zu einem Ballen gepresst und bei geeigneter Größe herausgewürgt. Beim Herauswürgen wird der Ballen mit Schleim überzogen, damit er besser durch die Speiseröhre transportiert werden kann.

Die Form der Gewölle ist von Vogelart zu Vogelart verschieden und ist auch ein Bestimmungsmerkmal von welchem Vogel die Exkremente stammen. Öffnet man die Gewölle gibt es uns Aufschluss darüber, was der Vogel verspeist hat. Man findet bestimmte Nahrungsstoffe, die von verschiedenen Vögeln bevorzugt gefressen werden. Dadurch lässt sich wiederum besser bestimmen, um welchen Vogel es sich handeln muss.

Gewölle findet man vor allem dort, wo Vögel nisten oder ihren Horst haben. Aber auch an Futterstellen, in alten Kirchtürmen oder Raststellen. Für den Unterricht lassen sich Gewölle bei Kirchen, Forstämtern oder in Falknereien beschaffen. Am wahrscheinlichsten sind Gewölle durch den örtlichen Naturschutzbund zu bekommen, die jährlich die Fundstellen von Gewöllen abgehen und diese einsammeln.

Durch die Funde von kleinen Mäuse- und Vogelskeletten sowie Federn und Fellresten kann die Nahrungsbeziehung zwischen Tieren im Wald exemplarisch verdeutlicht und erlebbar gemacht werden. In den Schleiereulenfunden lassen sich neben Mäuseresten auch Spitzmäusereste finden.

Bevor man die Gewölle mit den Schülerinnen und Schülern untersuchen kann, müssen diese einige Tage zuvor über Nacht bei geringer Hitze in einem Ofen sterilisiert werden, um die Bakterien, die nicht von der Magensäure der Vögel abgetötet worden sind, zu eliminieren. Ansteckende Krankheiten bei den Schülern soll dadurch vermieden werden (Schutzbestimmungen im naturwissenschaftlichen Unterricht, Erlass Kultusministerium 1995). Auch müssen die Schülerinnen und Schüler auf hygienische Maßnahmen, wie gründliches Händewaschen, hingewiesen

3. Einbettung/ Themenbegründung
3.1 Einbettung in den Unterrichtsverlauf

Die Unterrichtseinheit „Der Wald- eine Lebensgemeinschaft" erstreckt sich nun schon seit nach den Sommerferien bis zur heutigen Stunde hin. Da der Wald gerade in der herbstlichen Jahreszeit Vieles zu bieten hat, habe ich mit diesem Thema das Schuljahr begonnen. In den letzten Stunden haben die Schülerinnen und Schüler die Tierwelt des Waldes kennen gelernt. Zuerst wurde der Waldboden mit seiner Vielzahl an Kleinlebewesen untersucht und beobachtet. In der darauf folgenden Stunde haben die Jungen und Mädchen jeweils zu zweit einen Steckbrief zu einem der vielen anderen Waldbewohner erstellt und diesen präsentiert. Dies war sehr wichtig, da sie so eine Vorstellung der Tiere bekommen haben, um die Nahrungsbeziehung bzw. –kette besser verstehen zu können. In der nächsten Stunde haben die Schülerinnen und Schüler die Begriffe „Erzeuger", „Verbraucher", „Zersetzter" aber auch „Pflanzenfresser", und „Fleischfresser" sowie Räuber- Beute- Beziehungen kennen gelernt.
Als ein typisches exemplarisches Beispiel bietet sich das Fressverhalten der Eule, bzw. ihre Anpassung an das Leben als Nachtjäger an. Hierzu haben die Schülerinnen und Schüler die einzelnen Besonderheiten der Eule, die ihr ein optimales Jagen der Beute ermöglichen, erarbeitet.

In der heutigen Stunde bietet es sich für eine Primärerfahrung an, das Eulengewölle zu untersuchen, um das Fressverhalten zu bestätigen. Hierbei können die Schülerinnen und Schüler handlungsorientiert und selbstständig beim Untersuchen durch die Skelettfunde nachweisen, dass Eulen Mäuse fressen.

In der Anschlussstunde wird anhand der Skelettfunde nochmals das Säugetierskelett wiederholt sowie der Vorgang der Verdauung der Beute bei Eulen vertieft.

3.2 Themenbegründung

Der Bildungsplan 2004 sieht im Kompetenzerwerb für die Klassenstufen 5-7 im themenorientierten Unterricht das Thema „Einen Lebensraum erkunden"
(vgl. Bildungsplan 2004, S.99) vor.

Der naturwissenschaftliche Unterricht soll den Schülerinnen und Schülern die Natur näher bringen. Erst dann kann durch eine emotionale Bindung ein Bewusstsein der Erhaltung und des Schutzes der Natur erfolgen. Genau aus diesem Grund sollte man die Natur im Unterricht greifbar machen. Vor allem im heutigen Medienzeitalter sind Direktbegegnungen mit der Natur sehr wichtig (vgl. Bildungsplan 2004, S.96).

Die Gewölleuntersuchung bietet auch die Möglichkeit, die biologischen und naturwissenschaftlichen Arbeitsweisen zu schulen, auszuprägen und zu trainieren. Je früher die Schülerinnen und Schüler an diese Arbeitsweisen gewöhnt werden, desto schneller werden sie zum selbstständigen Erkunden und Lernen geführt
(vgl. Spörhase-Eichmann/Ruppert 2006, S.147).

Durch das Entwickeln der Vorgehensweise wie man herausfinden kann, was Eulen fressen, lernen die Schülerinnen und Schüler die „ [...] Bedeutung der jeweiligen Methoden für den Erkenntnisgewinn..." (vgl. Spörhase-Eichmann/Ruppert 2006, S.147).

Zudem sieht der Bildungsplan 2004 den Kompetenzerwerb mit dem Umgang der Lupe und Pinzette vor, was bei dieser Untersuchung geschult wird. Durch das Nachweisen der Räuber- Beute- Beziehung wird der Lebensraum und die Lebensgemeinschaft Wald ein Stück weit „begreifbar".

Zu den Arbeitsweisen werde ich im Detail in Kapitel 5 „Ziele und Kompetenzen" eingehen.

Durch das selbstständige Erforschen der Gewölle und das Zusammenpuzzeln der Mäuseskelette entsteht eine emotionale Begegnung, die den Schülerinnen und Schülern vermutlich ein Leben lang in Erinnerung bleibt.

4. Thematische Struktur/ Einstieg. Zugänge/ Passung

In der heutigen Stunde wird das Untersuchen von Gewöllen im Mittelpunkt stehen. Gibt man Kindern ein Gewölle, lässt sie dieses untersuchen und die Mäuseskelette zusammenpuzzeln, so sind sie mit völligem Feuereifer dabei. Gewölleuntersuchungen in der Schule sind immer ein Selbstläufer, der an den richtigen Stellen Hilfestellungen benötigt.

Der Einstieg

In meinen Überlegungen zum Einstieg der Stunde boten sich mir mehrere Möglichkeiten. Es wäre möglich, das Gewölle gleich zu präsentieren, eine einführende Geschichte über einen Sturzflug einer Eule und deren Beutefang zu erzählen, an die vorhergehende Stunde anzuknüpfen oder eine kleine Filmsequenz von einer fressenden Eule zu zeigen. Diese Alternativen haben alle ihre Vor- und Nachteile. Das sofortige Präsentieren der Gewölle könnte eventuell Ekelgefühle auslösen und die Untersuchung im Vorfeld schon negativ behaften. Da ich den Kindern den eventuellen Ekel nehmen möchte, werde ich zu einem späteren Zeitpunkt die Gewölle zeigen, um einen selbstverständlichen Umgang vorzuleben.
Eine Filmsequenz würde den Schülerinnen und Schülern die Möglichkeit des selbstständigen Erforschens des Fressverhaltens durch das Gewölle nehmen. Außerdem sollten die Schülerinnen und Schüler immer zuerst mit reellen Objekten konfrontiert werden um direkte Erfahrungen mit der Natur und dem was sie zu bieten hat zu machen. Dies zeigt auch Edgar Dales Erfahrungskegel (1954), der Filme und jegliches andere Medium als abstraktes und imaginatives Lernen bezeichnet. Zu Beginn der Stunde wird aus diesem Grund ein Stopfpräparat einer Schleiereule als stummer Impuls auf das Pult gestellt und den Schülerinnen und Schülern präsentiert. Die Schülerinnen und Schüler äußern sich darüber, was sie bis zu diesem Zeitpunkt über Eulen wissen, somit wird das Vorwissen nochmals wiederholt und dient als Übergang zum Fressverhalten.

Die Problemstellung

Nachdem die Schülerinnen und Schüler die Nahrung der Eule erwähnen, werde ich sie fragen, wie man nachweisen könnte, dass eine Eule Mäuse frisst. Eine andere auch motivierende Alternative des Einstiegs wäre sicherlich eine mysteriöse Geschichte gewesen. Durch die Fragestellung: „Wie kann ein Naturforscher herausfinden, was eine Eule frisst?", werden die Schülerinnen und Schüler zu kleinen Naturforschern. Zudem wird hierbei das Entwickeln von naturwissenschaftlichem Denken gefördert, was lernpsychologisch den besten Weg des Lernens darstellt. Die zu vermutenden Schüleraussagen könnten die Vorgehensweisen wie Beobachten oder den Kot untersuchen sein, die zum Thema Gewölle hinführen. Im Unterrichtsgespräch wird an passender Stelle ein Gewölle gezeigt, das als Fund bei einem Streifzug durch ein Eulengebiet mit einem Naturforscher aus Oberriexingen präsentiert wird. Die Schülerinnen und Schüler beschreiben das ihnen noch nicht bekannte Objekt. Hierbei wird ein erster Kontakt zum Objekt hergestellt und die kleinen Forscher langsam und mit einem räumlichen Abstand herangeführt.

Die Schülerinnen und Schüler vermuten wahrscheinlich, dass es sich hierbei um Eulenkot handelt. An dieser Stelle wird erwähnt, dass Vogelkot flüssig ist. „Aber was könnte es dann sein?" Es kann davon ausgegangen werden, dass einer der beiden NWA- Experten der Klasse, den Begriff Gewölle in die Gemeinschaft wirft und eventuell auch noch erklärt. Um den Forscherdrang zu wecken und die These zu überprüfen werden die Schülerinnen und Schüler eine Strategie entwickeln, entweder herauszufinden was Gewölle ist oder die These eines Mitschülers überprüfen- sie wollen das Gewölle untersuchen.

Jetzt werden die Naturforscher in ihre Untersuchungsgruppen entsandt, wobei die eine Hälfte mit Frau B in den Nebenraum des Biologiesaales geht und die andere Hälfte bei mir im Hauptraum bleibt. Nach dieser Einführung für die gesamte Klasse werden die Schülerinnen und Schüler die Untersuchungen zur selben Zeit aber räumlich getrennt durchführen. Dies hat zum einen den Vorteil, dass sie mehr Platz haben zum Untersuchen, da es doch eine relativ große Klasse ist und es sonst sehr eng werden kann. Zum anderen ist es für die Schüler aber auch die Lehrkraft eine angenehmere und individuellere Atmosphäre zum Arbeiten, da die Schüler besser betreut und auf die einzelnen Kinder besser eingegangen werden kann.

Die Sicherheitseinweisung und Gruppeneinteilung

Mit dem Drang die Gewölle zu untersuchen, gehen die Schülerinnen und Schüler in die Erarbeitungsphase. Doch zuvor werden sie vorne am Pult versammelt und auf Gefahren beim Umgang mit dem Gewölle hingewiesen. Ich habe mich dazu entschieden die Kinder bei der Sicherheitseinweisung ans Pult zu holen um eine gewisse Schülernähe zu schaffen, damit eventuellen Ekelgefühlen besser entgegen gewirkt werden kann. Hierbei ist es wichtig den Kinder klar zu machen, dass sie sich nicht ekeln brauchen, da ich das Gewölle desinfiziert habe. Aber auch eine Selbstverständlichkeit mit dem Umgang der Gewölle sollte vorgelebt werden, indem man es selbst anfasst. Ich hätte die Kinder auch an ihren Plätzen sitzen lassen können, aber ich bin der Meinung, wenn erstmal die räumliche Distanz zum Objekt überwunden ist, die Neugier siegen wird. Falls nicht, werde ich keinen Schüler zur Untersuchung zwingen, sondern erstmal Handschuhe anbieten oder ihn oder sie zusehen lassen. Die Erfahrung mit Untersuchungen bei denen es zu Ekel kommen kann zeigen jedoch, dass die Schülerinnen und Schüler nach einer Eingewöhnungszeit doch noch mitmachen wollen und schließlich sehr interessiert sind. Vor dem Arbeiten mit dem Gewölle muss noch darauf hingewiesen werden, nach dem Aufräumen gründlich die Hände mit Spülmittel zu waschen. Bevor die Gewölle ausgegeben werden, finden sich die kleinen Naturforscher selbstständig in Zweiergruppen zusammen.

Diese Gruppengröße erschien mir am sinnvollsten, da somit der Arbeitsanteil der Schüler höher ist, als in Dreier- oder Vierergruppen. Die Alternative der Einzelarbeit hätte sich auch angeboten, da genügend Gewölle vorhanden wären. Ich habe mich jedoch dagegen entschieden, weil die Schülerinnen und Schüler zum einen lernen sollen im Team zu arbeiten und ihre sozialen Kompetenzen entwickeln sollen und zum anderen lässt sich vor allem bei den Mädchen zu zweit der Ekel besser ertragen. Nachdem sich die Gruppen gefunden haben, holt ein Schüler der Gruppe ein Gewölle, und ein Papier als Unterlage an den Arbeitsplatz. Sie bekommen ein etwas dickeres Blatt Papier, um dort ihre interessanten Funde ablegen zu können. Mehr Vorgabe bekommen sie nicht. Sie sollen bei Bedarf auf mich zukommen und nach Arbeitsmaterialien, die im Vorbereitungsraum schon bereitgestellt sind, fragen. Dies fördert das selbstständige Arbeiten und Denken und trägt somit viel mehr zur Entwicklung der Kinder bei, als vorgefertigtes oder vorgegebenes Material. Die Schülerinnen und Schüler sind somit frei in ihren Ideen und Arbeitsweisen, was dem forschenden Denken freien Raum lässt.

Sie können individuell entscheiden, ob sie Pinzetten, Messer oder die bloßen Hände verwenden wollen. Zudem sind sie für ihr Arbeiten selbst verantwortlich, was schon früh eingeübt werden sollte.

Die Erarbeitungsphase

Nach der Ausgabe der Gewölle und der gewünschten Materialien und dem Hinweis, die Gewölle ganz vorsichtig zu öffnen, beginnt die tatsächliche Erarbeitungsphase. Mit der Fragestellung was Gewölle ist aber auch was und wie viel die Eule gefressen hat, machen sich die Schülerinnen und Schüler ans Werk. Die Forscher bekommen lediglich eine Unterlage zum Arbeiten und ein festeres Blatt Papier um besondere oder interessante Funde darauf zu platzieren. In dieser Phase wäre es möglich gewesen, den Schülerinnen und Schülern vorgefertigte Arbeitsblätter mit Bestimmungshilfen von Anfang an mit in die Arbeit zu geben. Hierbei wäre aber die Spannung was man genau im Gewölle findet nicht mehr gegeben gewesen, da die Kinder durch die Abbildung des Mäuseskeletts schon das Ergebnis hätten. Die kleinen Naturforscher sollen erst einmal frei untersuchen und das Gewölle unter die Lupe nehmen. In dieser Phase wird mit allen Sinnen gelernt, vor allem trägt vermutlich der Geruch zu Beginn zu einem „besonderen" emotionalen Erlebnis bei. Es ist wichtig während dem Arbeiten durch die Reihen zu gehen, um eventuell Tipps oder Hilfestellungen zu geben. Während dem Untersuchen und den ersten Knochenfunden werden die Schülerinnen und Schüler eventuell nach Lupen fragen und holen diese aus dem Nebenraum. An dieser Stelle werde ich individuell zu den Gruppen gehen und den Schülern das Problem stellen, wie sie sich sicher sein können eine Maus gefunden zu haben und wie sie das herausfinden könnten, dass es sich hierbei um Mäuseknochen handelt. Das spätere Ausgeben hat hier auch den Vorteil spontan und vor allem auf das Arbeitstempo der Kinder eingehen zu können. Dieser Methode liegt der Konstruktivismus zu Grunde. Daraufhin bekommen sie eine Bestimmungshilfe auf der sie ihre Funde wie Naturforscher bei Ausgrabungen markieren sollen. Somit ist die Ergebnissicherung neben den später aufgeklebten Knochenfunden bereits während des Arbeitens geschehen. Je mehr Knochen die Schülerinnen und Schüler herauslösen, desto mehr steigt das Interesse und die Begeisterung. Es ist zu erwarten, dass sie unbedingt eine Maus ganz zusammenbauen wollen. Beim Untersuchen werden einige Schüler schneller sein und aber auch schnell darauf kommen, dass es unterschiedliche Mäuse sein müssen, da sie andere Schädel haben.

Für eine Herausforderung und Differenzierung bekommen diese Schülerinnen und Schüler nach Bedarf eine weitere Bestimmungshilfe, um zu entscheiden, um welche Mausart es sich hierbei handelt. Durch die individuelle Förderung und Hilfestellung können die Kinder nach Bedarf und ihren Bedürfnissen forschen. Eine Differenzierung führt zur Motivation von schwächeren aber auch sehr guten Schülern. Somit werden das Interesse und die Freude am NWA-Unterricht aufrechterhalten.

Die Schülerinnen und Schüler werden erfahrungsgemäß sehr begeistert und nicht zu bremsen sein. Die kleinen Forscher werden sich gegenseitig motivieren, weil jeder eine ganze oder gar die meisten Mäuse finden möchte. Es entsteht ein regelrecht motivierender Wettbewerb.

Ergebnissicherung

Sobald sie ihre Knochen ausgegraben haben und fast schon fertig aufgelegt und mit der Vorlage verglichen haben, wird die Arbeit für einige Minuten unterbrochen, die Erfahrungen werden ausgetauscht und vor allem die Funde im Gewölle besprochen. Die Schülerinnen und Schüler erkennen, dass die Eule verschiedene Mäuse frisst und das Gewölle die nicht verdauten Teile der Nahrung sind.

Die Ergebnissicherung wurde beabsichtigt kurz gehalten, da die Schülerinnen und Schüler möglichst viel Zeit zum Untersuchen haben sollen und müssen. Zudem kann in der nächsten Stunde das Ergebnis ausführlicher besprochen werden. Nach der Besprechung wird darauf hingewiesen, dass die Schülerinnen und Schüler jetzt aufräumen sollen, aber dass sie ihre genaueren Untersuchungen in der nächsten Stunde fortführen können. Da die Schulstunde eigentlich 90 Minuten dauert, wird Frau B mit der gesamten Klasse in der verbleibenden Zeit mit den Kindern die Knochen mit Klebstoff auf den Blättern fixieren. Durch das Aufkleben wird die mühevolle Arbeit wertgeschätzt und kann als Ausstellung im NWA-Raum dienen. Die Originale werden kopiert und jedem Schüler in seinen NWA- Ordner gegeben.

5. Ziele/ Kompetenzen

Der neue Bildungsplan des Ministeriums für Kultus und Sport Baden-Württemberg beinhaltet nicht mehr wie in vorhergegangenen Lehrplänen Ziele, sondern hat seinen Fokus auf Kompetenzen, die in einer bestimmten Klassenstufe ausgebildet werden sollen. Diesem Gedanken liegt der Konstruktivismus zu Grunde, der die Individualität des Lernprozesses im Mittelpunkt hat. Aus diesem Grund sollen unsere Schülerinnen und Schüler zur Selbstständigkeit erzogen werden. In dieser Stunde wird das individuelle und selbstständige Arbeiten durch wenige Vorgaben und kleine zur richtigen Zeit bereitgelegte Hilfen in den Fokus gerückt.

Zudem eignet sich das Untersuchen von Gewölle hervorragend an, um biologische Arbeitsweisen die der Bildungsplan fordert umzusetzen.

Ziel dieser Stunde soll sein, dass die Schülerinnen und Schüler das Prinzip und den Sinn einer Untersuchung verstehen und diese durchführen können. Durch diese direkte Erfahrung und Entdeckung können die Schülerinnen und Schüler nachweisen, dass die Nahrung der Eulen Mäuse sind.

Die weiteren Erläuterungen der Kompetenzen und Ziele werde ich nach der Vierphasenstruktur nach Hentig beschreiben. Da, wie bereits erwähnt die persönlichen Kompetenzen der Schülerinnen und Schüler im Vordergrund stehen, bietet sich diese Einteilung besonders gut an. Die Zielsetzungen dieser Doppelstunde erfolgt in diesen vier Kompetenzbereichen.

Fachliche Kompetenz

Die Schülerinnen und Schüler können bei der Problemstellung Hypothesen bilden und naturwissenschaftlich denken. Durch die relativ geringen Vorgaben in den Experimentierphasen können sie eigenverantwortlich mit Stoffen bzw. Arbeitsmaterialien umgehen. Hierbei werden die Arbeitseisen wie Arbeiten mit Lupe und Pinzette als elementare Erkundungsform eingeübt (vgl. Spörhase-Eichmann/Ruppert 2006, S.150), aber auch das Untersuchen als besondere Form des Beobachtens als Nachweismethode plausibel (Vgl. Eschenhagen/Kattmann/Rodi 2006, S.244 f.). Beobachten sollte schon früh gelernt werden.

Durch die Fragestellung, ob es sich tatsächlich um eine Maus handelt oder welche Mausart gefressen wurde, sind die Schülerinnen und Schüler zum Vergleichen angehalten. Diesem Vergleich geht immer eine Hypothese voraus (vgl. Spörhase-Eichmann/Ruppert 2006, S.149).

„[…] durch Entdeckungen mit Lupe und Mikroskop können die Schüler Vielfalt, Struktur und Funktion lebender Systeme verstehen." (vgl. Bildungsplan Baden-Württemberg 2004).

Durch das handlungsorientierte Entdecken der Nahrungsbeziehung zwischen Eule und Maus, […] „sind die Schülerinnen und Schüler in der Lager, die wechselseitige Abhängigkeit von Arten aufzuzeigen" (vgl. Bildungsplan Baden-Württemberg 2004).

Personale Kompetenz

Die Schülerinnen und Schüler sind in der Lage ihre eigenen Ideen zur Lösung eines Problems einzubringen. Sie können in der Untersuchungsphase selbstständig und eigenverantwortlich arbeiten. Die Gewissenhaftigkeit wird besonders in der Erarbeitungsphase gefordert und gefördert, da die Gewölle sehr vorsichtig untersucht werden müssen. Zudem können die Schülerinnen und Schüler eventuell ihren Ekel abbauen und somit ihre Persönlichkeit weiter entwickeln. Es wird aber auch eine positive wertschätzende Einstellung zur Natur entwickelt.

Methodische Kompetenz

Die Schülerinnen und Schüler können Vermutungen aufstellen, bestätigen und/oder widerlegen.

Soziale Kompetenz

Durch das Arbeiten in Gruppen können die sozialen Kompetenzen, wie miteinander arbeiten, auf andere Menschen Rücksicht nehmen und akzeptieren, aber auch die kommunikativen Grundfertigkeiten des Gesprächs auf längere Zeit gesehen ausgeprägt werden. Das bedeutet konkret für meine Stunde, dass die Schülerinnen und Schüler zielgerichtet miteinander arbeiten und ein Problem lösen können.

6. Unterrichtsverlauf

Name:
Zeit: 09.20h- 10.20h
Fach: NWA
Ausbildungslehrer:
Lehrbeauftragter:

Ort:
Datum: 21.11 2008
Klasse: 6c
Unterrichtseinheit: Der Wald als Lebensgemeinschaft
Thema: Fressen und gefressen werden- wir untersuchen Gewölle

Zeit	Phase	Schüler/Lehrer Interaktion	Arbeits - form	Didaktischer Kommentar	Lernziele
9.20h- 9.30h	Einstieg Problem- stellung	Lehrer stellt Schleiereulenpräparat auf den Tisch → stummer Impuls → SuS sammeln ihr Vorwissen aus der Vorstunde: Schwungfedern, Sehkraft, Krallen, Schnabel zum Beutejagen. Lehrer stellt das Problem, wie man herausfinden könnte, was Eulen fressen. SuS -Äußerungen werden gesammelt und kommentiert. Lehrer zeigt Gewölle und sagt er habe es mit einem Tierforscher zusammen gefunden. SuS beschreiben→ „Aber was ist Gewölle? Das finden wir heraus!"	UG	Durch den stummen Impuls wird das Vorwissen der SuS aktiviert und die SuS von ihrem Wissenstand „abgeholt". Durch die Problemstellung werden die SuS zum Denken animiert, was zu einem Verlangen der Lösung des Problems aber auch das Interesse weckt. Durch das Beschreiben wird ein erster Kontakt hergestellt.	Die SuS können die Anpassung der Eule an das Jagen benennen und belegen. Die SuS können Verfahren zur Beweis
9.35h- 9.40h	Sicherheits- einweisung/ Gruppen- einteilung	Die Naturforscher finden sich selbstständig in Zweierteams zusammen. und holen sich Gewölle und Arbeitsmaterialien. Sie bekommen lediglich eine Arbeitsunterlage und ein Blatt für besondere und interessante Funde.	UG	Durch die Sicherheitsanweisungen für Material und Hygiene wird den SuS versucht den Ekel zu nehmen.	Die SuS können selbstständig mit Arbeitsmaterialien umgehen.
9.40h- 10.10h	Erarbeitungs phase/ Unter- suchung	SuS untersuchen mithilfe der Hände, Pinzetten, Lupen oder Material ihrer Wahl vorsichtig das Gewölle. Lehrer geht durch die Reihen, gibt Tipps wo nötig oder individuelle Hilfestellungen in Form von Bestimmungsschlüsseln oder Impulsen.	GA	Durch das Untersuchen werden alle Sinne miteinbezogen: Sehen, Fühlen, Riechen, auch das Hören der Reaktionen der Anderen kann zum Arbeiten motivieren. Durch die individuelle Förderung und Hilfestellung können die Kinder nach Bedarf und ihren Bedürfnissen forschen. Eine Differenzierung führt zur Motivation von schwächeren aber auch sehr guten Schülern. Somit wird das Interesse und die Freude am NWA-Unterricht aufrechterhalten.	Die SuS können mit Lupe und Pinzette umgehen und sie als Untersuchungshilfe nutzen. Die SuS kennen die Nahrung der Eule und bringen sie in den Nahrungsbeziehungs- Zusammenhang. Die SuS üben das Beobachten und Vergleichen.

| 10.10h-
10.20h | Ergebnis-
sicherung/
Besprech-
ung | Wenn die Untersuchungen abgeschlossen sind werden die Funde im Plenum besprochen
Es wird geklärt, was Gewölle nun ist.
Nach der Besprechung räumen die Kinder auf und kleben zusammen mit Frau B. ihre Funde auf. | | Die Ergebnissicherung wurde bewusst nur auf die ebene der Fundbesprechung gehalten, damit die SuS lange Zeit zum Untersuchen haben. Eine detaillierte Besprechung und eine nochmalige Nachuntersuchung findet in der nächsten Stunde statt und wird nochmals in den Kontext der Nahrungsbeziehung gebracht. | Die SuS kennen den Begriff „Gewölle" und können ihn anwenden und erklären. |

Rektor:

7. Anlage

<u>**Das haben wir in unserem Gewölle gefunden:**</u>

Bestimmungshilfe Mäuseskelett

<u>**Welche Maus hat die Eule gefressen**</u>

Bestimmungshilfe Mäusearten

8. Literaturangaben

Bang/ Dahlström: „Tierspuren- fährten, Fraßspuren, Losungen, Gewölle und andere",
BLV Verlagsgesellschaft München, Wien, Zürich, 2000, S. 205-211

Der neue Kosmos Tierführer. Kosmos Verlag Stuttgart, 1996, S. 176

Eschenhagen, D./ Kattmann, U./ Rodi, D.: „Fachdidaktik Biologie", 7.Auflage, Aulis
Verlag Deubner Köln, 2006

Heiligenmann/ Janus/ Länge:" Das Tier- Band 1", 2. Auflage, Ernst Klett Verlag
Stuttgart, 1975, S.48

Ministerium für Kultus und Sport Baden-Württemberg: Bildungsplan der Realschule
Baden-Württembergs. Stuttgart: Landesinstitut für Erziehung und Unterricht, 2004

PRISMA Biologie SI- Experimentesammlung. 1. Auflage, Ernst Klettverlag Stuttgart,
2007, S.83

Spörhase- Eichmann/ Ruppert (Hrsg):"Biologiedidaktik", Cornelsen Verlag Berlin, 2004

Umwelt Biologie 5/6 Realschule Baden- Württemberg, 2. Auflage, Ernst Klett Verlag
Stuttgart, 1994, S.80f

<u>**Ergänzende Bildquellen Stand 15.11.2008**</u>

Bilder/ Arbeitsmaterialien: http://www.educa.ch/tools/67837/files/gewoelleuntersuchen.pdf
Gewölle: http://www.zoo.ch/pictures/eulengewoell.jpg
Lupe: http://www.ehlert-partner.de/bilder/Lbvlup1.jpg
Pinzette: http://www.1a-versand.de/catalog/images/Pbilder/659525_mi.jpg
Schleiereule: http://www.waltus.ch/Der_Wald/Kauze_und_Eulen/Schleiereule2.jpg